去成为谁也抓不住的风

阿惠 著/绘

人民邮电出版社

北京

图书在版编目（CIP）数据

去成为谁也抓不住的风 / 阿惠著、绘. -- 北京：
人民邮电出版社, 2025. -- ISBN 978-7-115-66732-8

Ⅰ. B821-49

中国国家版本馆 CIP 数据核字第 2025G4P584 号

内 容 提 要

　　哀伤与欢歌，丧失与拥有。我们漂泊于生命的长河中，寻觅着存在的意义。生命如此脆弱，我们却都在用力地活着。本书以诗意的语言，探讨了生命的本质、爱的深沉与孤独、丧失的哀痛与拥有的珍贵。它如同一幅幅细腻的画卷，展现着自我认知的旅程、人际关系的微妙，以及生命意义的深远探索。结构自由而不失章法，观点独到而引人深思。这不仅是一本书，更是一场心灵的旅行，适合每一个在生命旅途中寻找自我、渴望成长的灵魂，在宁静的夜晚或独处的时光里，细细品味。在忙碌生活的闲暇之余，随手翻阅本书，希望能带给你温暖与力量。

◆ 著 / 绘　阿　惠
责任编辑　陈　晨
责任印制　马振武

◆ 人民邮电出版社出版发行　　北京市丰台区成寿寺路 11 号
邮编 100164　　电子邮件 315@ptpress.com.cn
网址 https://www.ptpress.com.cn
北京盛通印刷股份有限公司印刷

◆ 开本：787×1092　1/32
印张：6.875　　　　　2025 年 5 月第 1 版
字数：151 千字　　　2025 年 9 月北京第 7 次印刷

定价：49.80 元

读者服务热线：(010)81055296　印装质量热线：(010)81055316
反盗版热线：(010)81055315

谨以此书献给

在生命旅途中不断经历失去却仍追寻着意义的你。

前言

人类似乎有着永恒的困惑——"失去"的阵痛、"孤独"的回响与企盼的爱的救赎，一直督促我们对生命本质进行追问。"生命"涵盖的意义实在太过广泛，它可以是一段承载着无数故事的时间，可以是一场跌宕起伏的旅程，也可以是这颗星球上一种独特而奇妙的存在。

生命本身不会承诺任何积极的体验。相反，我们会经历危险、敌意、未知、失去以及时间的限制，这对生活在这颗星球上的生命而言几乎是肯定的。痛苦的体验有时会让人迷失，但也正因如此，在遇到美好的事物时我们才会感到幸福，在灵魂彼此接近时会感到温暖。在这个充满不确定性的世界里，去创造和寻找幸福或许正是生命的课题。

随着年岁的增长，你可能会发现，真正带来持久幸福的精神体验，几乎都是靠我们自己去创造、去给予、去爱……而收获的是成就、满足和欣慰……爱有时在一些文学作品中被描绘得虚幻而空洞，但我想，它不是一个等待、被动的存在——相反，是一个走出去的、主动的行为，是给予你所拥有的温暖光芒。这种

气与慷慨又恰恰是智慧生命所独有的属性。我们正是作为这样一种不可思议的存在诞生的。

在社会的教育体系中，我们可以轻易找到关于各种生存技能的丰富知识，却很少看到关于理解生命、获得幸福的教材。但我坚信，无论在哪一个时代，理解生命和追求幸福始终是每个人在生命旅途中必经的课题。关于世界的知识在书本中随着文明而积累，但对于生命与幸福的课题，我们却很难从文明的历史中得到直接的解答。每一代人几乎都要从头去探寻自己的意义和爱的答案，我想这特有的责任也是生命的乐趣之一吧。

这本书也许同样无法提供具体的解答。但我希望这本书能成为一盏小灯，为你带来前进的力量，哪怕只是照亮某一个小小角落。

目录

第 1 章

成为你本来的样子

生命终究不同于物，

它们总是不止于此，

总是在成为什么。

情绪是你的风向标

妈妈曾说，
我们的内心像一个复杂的泡泡机……

当我们遇到任何事物时都会产生泡泡，

每个泡泡中都装着我们的情绪和感受。

是只飞蛾。

就像蝙蝠会通过回声来感知世界一样，

是橙子，颜色好漂亮，是我喜欢的橙红色。

我喜欢吃橙子，它的味道甜甜的。妈妈也爱吃。

不过我不爱吃带籽的。

这些泡泡也传递了我们内心的回响，因此我们才能感知这个世界。

如果每一次都把泡泡小心地收集起来，

你就会逐渐清楚你真正想要和不想要的事物，
从而越来越接近真实的自我。

泡泡筑起了我们的内心世界，
也映出了我们眼中世界的样貌。

这些泡泡就像是风向标，
最终会带你找到兴趣、热爱、梦想、品位……
一切能够让生命绽放色彩的东西。

你就是太矫情，
整天想些有的没的。

但如果总是被忽视或否认这些感受，

你就会离真实的自己越来越远。

内心回响的声音也会越来越小，

无所谓

不知道

随便

变得不知道自己真正想要的到底是什么。

或许压抑自己的声音是适应某些环境的方式，
但代价可能是
损害你曾引以为傲的个性、品格和能力。

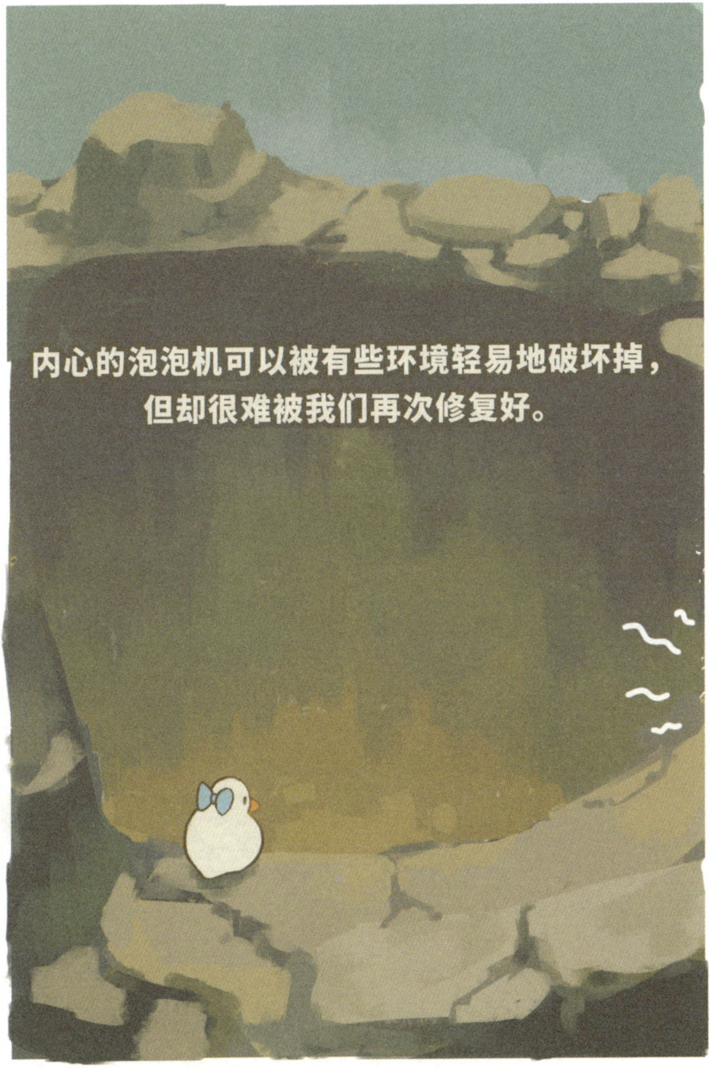
内心的泡泡机可以被有些环境轻易地破坏掉，
但却很难被我们再次修复好。

所以，
如果一件事一定会透支你内心的健康，
请记住这是非常昂贵的代价。

这个世界很复杂，
我们并不是总有的选。

谁敢往我心里倒垃圾！

但还是希望你无论何时都保护好自己的泡泡机，
这是和保持身体健康同等重要的事情。

秘密项目

除了上班或上学的主业，

私下一定要做一个
能带来自我价值感和积极情绪的秘密项目。

画画也好，

唱歌也好，

Cosplay（角色扮演）也好……

去探索和钻研你感兴趣的事，
靠你的喜欢和热爱，
用不输给主业的认真把它坚持下去。

无论这些活动是否能够带来物质上的收益，
至少它在你的生活中搭建起了
一个适合你内心栖息的空间。

在这里，
你可以看见自己稳定的价值，
并从中获得幸福感。

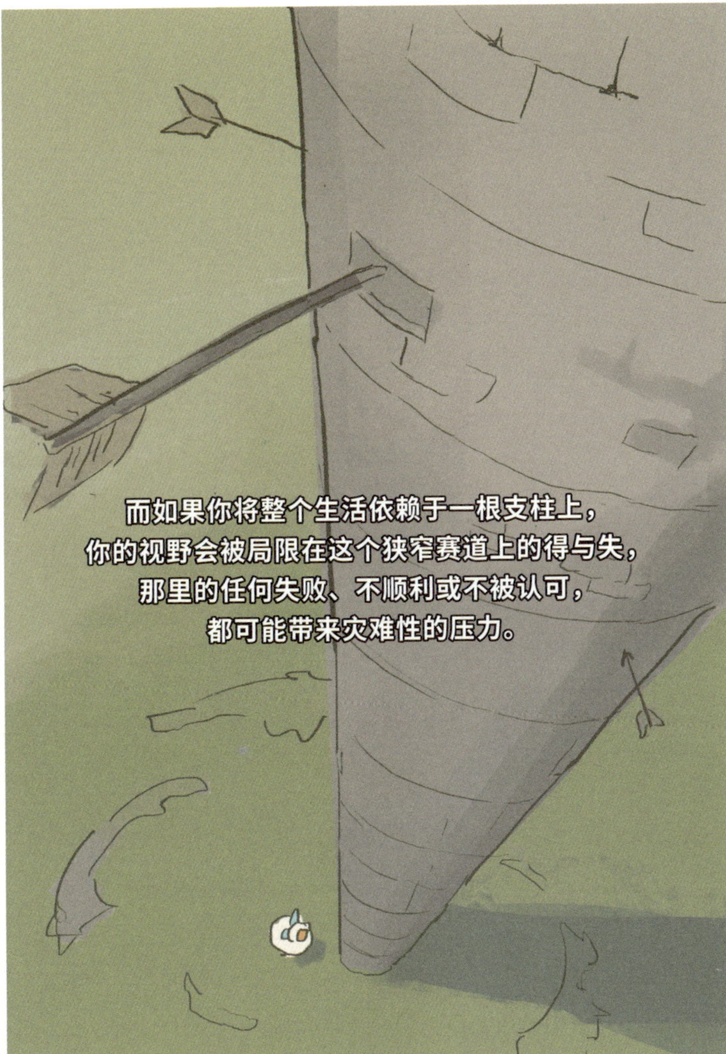

而如果你将整个生活依赖于一根支柱上，
你的视野会被局限在这个狭窄赛道上的得与失，
那里的任何失败、不顺利或不被认可，
都可能带来灾难性的压力。

似乎一旦搞砸了什么，整个天就都塌了。
其实，人生的容错能力没有这么低，
关键在于，永远不要把所有鸭蛋放在一个篮子里，
要保持对自己心理健康和长期成长的投资。

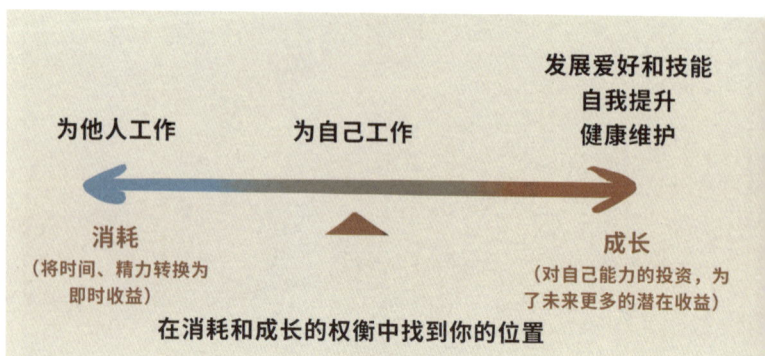

为他人工作　　为自己工作　　发展爱好和技能
自我提升
健康维护

消耗　　　　　　　　　　　　　　成长
（将时间、精力转换为　　　　　　（对自己能力的投资，为
即时收益）　　　　　　　　　　　了未来更多的潜在收益）

在消耗和成长的权衡中找到你的位置

所以一定要给自己准备至少一个用于恢复能量的
秘密项目，让它成为生活的另一个支柱。

即使其他支柱倒塌，
只要还有一个可以回去的地方，
你就永远不会被压垮。
而多领域的开拓视野也会带来更多的可能性，
随着时间积累，
你一定会走到自己都不曾想到的很远的地方。

不要只从别人的评价中认识自己

对负面评价的警觉可能是我们的本能，

背后藏着我们希望被社会群体接受、不想给他人带来不适的愿望。

就像我们的祖先，融入群体有利于在危险的自然环境中更好地生存。

但别人的评价有时是很主观的，
会受到很多因素的影响。

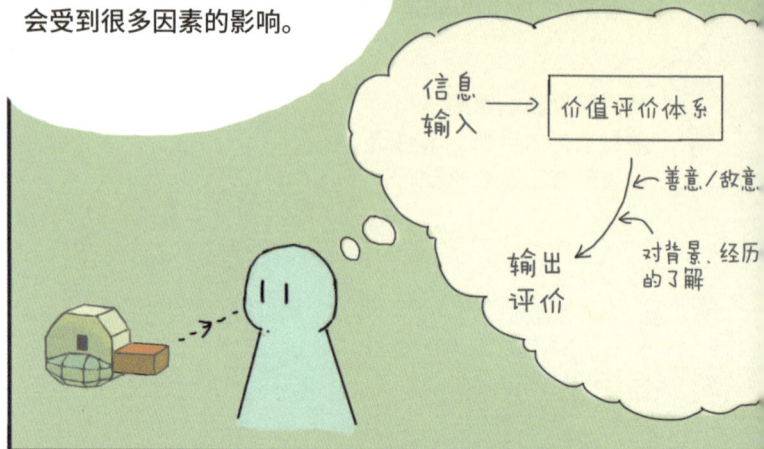

信息
输入 → 价值评价体系

← 善意/敌意

输出
评价 ← 对背景、经历
的了解

发型太逊了。

喙太短。

声音好听。呱。

不是所有人都有优秀的判断力，
或了解你的过往，或带着善意，
这就导致评价的质量良莠不齐。

但其实在他人评价你的同时，你也有权力对他人的评价进行评价。

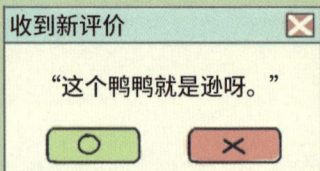

收到新评价 ✖

"这个鸭鸭就是逊呀。"

〇 ✕

请为这个评价进行评分：

描述客观	⭐⭐☆☆☆	不是很客观
评价态度	⭐⭐☆☆☆	感觉略有敌意
有建设性	⭐☆☆☆☆	好像也没啥建设性

所以反过来想，通过别人的评价也能让我们辨别出那些评价体系廉价、不尊重他人感受的人，并敬而远之。

这样想好像更有力量感。
所以我也有接受或拒收他人评价的权力，而不是被动接受一切评价。

但每次听到负面评价的时候，还是会让我难过好久，好希望大家都能喜欢我。

但就像一部再优秀的电影也会有差评。可无论别人怎么说，电影的本质已经在那里了，不会随他人的评价发生任何改变。

内容

Goodbye，Lily

□□ □□□
□□ □□

电影简介

____
____
____
____

评论区

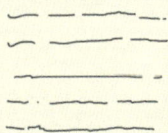

□□□ ★☆☆☆☆ 3142-04-02
超级大烂片！！到底为什么会爆炸！？

□□□ ★★★★★ 3142-03-12
饱含奇幻色彩。

我懂了。道理是这样……可我也确实
担心自己可能真的很差。呜呜……

看看身后走过的路吧。

即使曾被那么多人否定过，
即使对这些评价感到痛苦，
你仍然选择走到今天，
你仍希望自己变得更好。

即使不能被每个人都喜欢，
你仍傲然地立于世上，
反抗着那些恶意，
这姿态本身就是如此的高傲而美丽。

而那些所谓能力的好或差
说到底又有多重要呢？

所以，
请不要活在他人的评价里。
在任何时候都要义无反顾地相信自己的价值。

即使是一部小众电影也无妨，
我们终将会与能真正欣赏我们价值的观众相遇。

为自己歌唱

你唱的是啥呀？
都听不出音调，
感觉嗓音也怪怪的。

生命如其所是

以前我不喜欢植物，
因为它们既不会动也不好玩。

大树先生，你是在睡觉吗？

Lily，快来看爷爷的盆栽。

为什么还有人喜欢
养这么无聊的东西……

教室里摆满了千篇一律的绿萝，
但没人照顾，总是病恹恹的。

绿化带像积木一样安插在城市里，
倒是修剪得整齐。

每天上学都会看到这些一成不变的植物。
它们似乎还活着，
我却感受不到它们的生机。

直到我走进真正的森林……

原来，它们只是被困在了"装饰品"的定义里，
而被我们熟视无睹。

人类文明往往会赋予事物或生命某种价值。

水杯被用来承载液体；

人类要扮演特定
的社会角色；

动物要陪伴
人类或提供
其他价值；

植物被用来装饰空间……

尽管这些价值在某种程度上认可了存在的意义，
也是文明发展的必需品，
可生命终究不是某一工具或功能的载体。

生命总有自己想去的未来。

而在森林，
我看到了所有生命只是其本身。

它们可以竭尽全力成为其本来的样子。

杂乱、野蛮，却比任何绿化带都更有生命力。

那一天我明白了，
当生命可以"如其所是"地生长时，
植物也可以那么饱满而绚丽。

当我融入这片大地的宁静时，
似乎也短暂脱去了社会的外壳。

尽管文明总是喧嚣着敦促
我们在焦虑中激进，

自然却教会了我们
回归与大地的连结。

在宇宙的穹顶之下，
我们都是这颗星球的孩子。

后来我也养了一些来自大地的纪念品，
不是为了作为房间的装饰，
而是希望看见它自由生长的样子。

这个小小空间打开了文明与自然的缝隙，
让我即使在喧嚣的城市中，
也能偶尔窥见自然的流动。

好像比几个月前长得更密了。

是呢，只是看看就感觉好幸福。

无论世界如何变换，

内在的精神世界是永远不会被风浪熄灭的灯塔。

以内心的喜好为风向标，

我们终会到达连自己都想象不到的高处，

那或许不是世俗意义上多么耀眼的成就，

但一定是适合灵魂栖居的地方。

第 2 章

亲近与分离

亲近的灵魂共同编织了温暖而独特的记忆，

可有多少人能永远与我们同行？

父亲

印象里，爸爸似乎什么都会。

这周回去每人要做一份手工作业。

二年级

回家后

想……

爸爸，你会做手工吗？

有了，前几天好像在报纸上看到一个手工栏目。

软木塞小狗手工教程

①

②

从家里的酒瓶塞子上
切下来的

插入牙签

还真的做出了像模像样的"小狗"。

虽然现在看来
可能更适合做水豚。

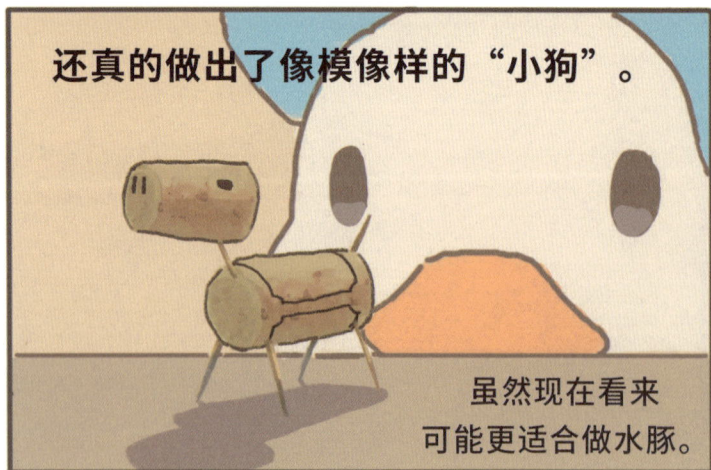

* 当然，作业还是要自己做哦。

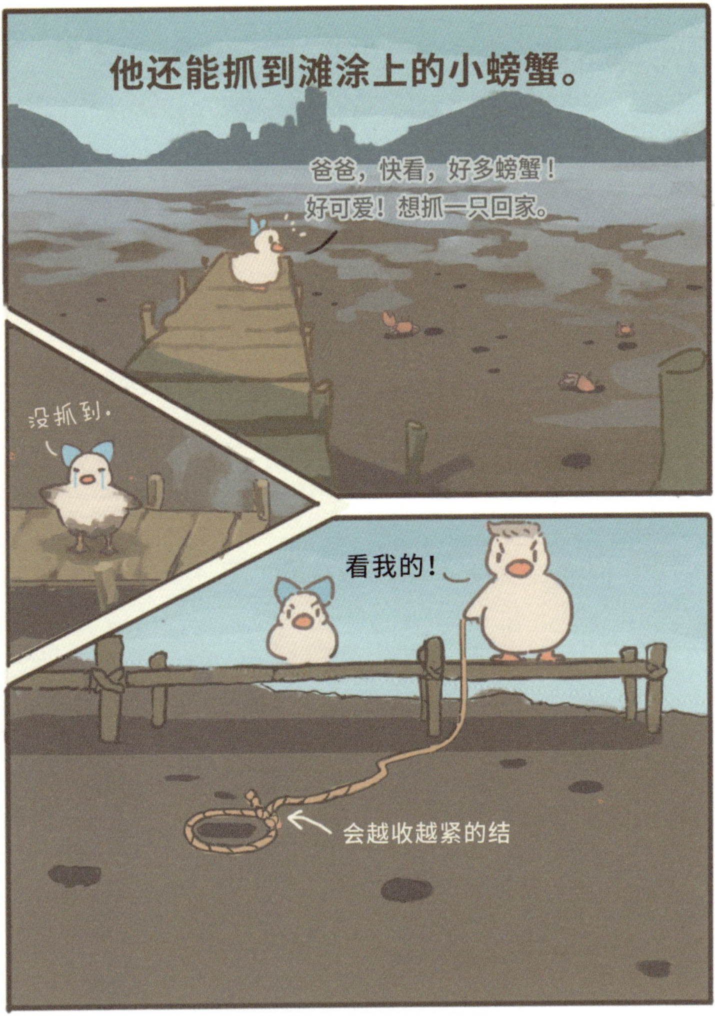
他还能抓到滩涂上的小螃蟹。
爸爸，快看，好多螃蟹！
好可爱！想抓一只回家。
没抓到.
看我的！
会越收越紧的结

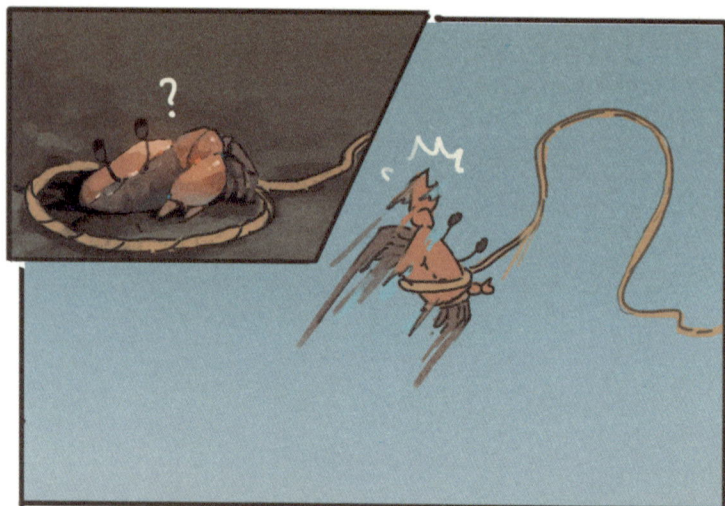

* 还是要爱护小动物啊。

他还守护着我们一家人的健康。

家庭医学常识手册

鸭蛋孵化指南

原来爸爸还买过这种书。

尽管距离那个童年，
我已经走了太远太远。

但爸爸的智慧和支持始终伴随着我。

他总是尊重我的爱好，
希望我过得开心。

所以，即使在看不见他的地方，
我也能勇敢地独立前行。

攻击性也是生命力

这么气呼呼的，为什么不跟我说呢？

不想说不好的话，怕让你伤心。
也担心生气吵架会破坏我们的关系……

我知道你是只细腻的鸭鸭，
会很在意我的感受。

不过总是生闷气对我们的关系也没有好处呀。

有时候，有攻击性其实很正常。

它是我们生命力的一部分，
也是内心未被满足的需求的延伸。

我不希望你为了我而
委屈自己，收起所有的锋芒。

当然全身是刺也不太好啦。

能坦然平和地把不开心的事表达出来，
才是一件很酷的事情。

成熟的关系是有弹性的，
不会因为一些小冲突就破裂。
互相支持也是关系存在的意义呀。

所以下次不开心要及时跟我说，
我们一起解决，
不可以自己憋着哦。

好哦。

成熟的爱

成熟的爱
到底是什么样子呢？

人类常说，爱是给予不是索取，这是什么意思呢？

弗罗姆在《爱的艺术》中说有这么两种类型的人：

第一种人认为，
给予会导致自己的损失，
所以那是一种牺牲行为。

他们会把这种牺牲奉为美德，
但他们总是避免给予，
因为资源的总量是有限的。

好像是这个道理。

另一种是具有创造性倾向的人，
他们认为给予本身就会给他们带来满足。

他们享受创造的过程，
无论是制作手工、盆景、插画，
还是创造自己的生活。

从灵感、设计到制作，这些创
造物中倾注了他们的生命。

对他们而言，给予就像是满溢的杯子，
他们迫不及待地想与人分享其充盈的生命力。

积极情绪 ↑
自我价值感 ↑
成就感 ↑

积极情绪 ↑
自我价值感 ↑
+1

通过给予，
他们能感受到自己充沛的活力和存在价值，
而不是变得更贫乏。

好像也说得通，
但这跟爱又有什么关系呢？

在成熟的爱中
给予的就是我们生命中最有活力的东西。

所以一些平时寡言的人，
在爱中反而会变得富有表达欲。

这些给予是不求回报的，
因为其本身就蕴含着积极情绪。

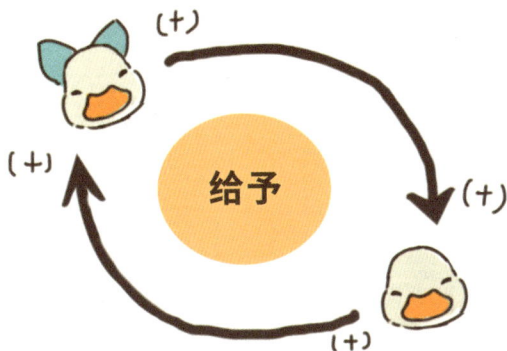

在成熟的关系中，
"给予"又必然会得到对方某种形式的
飞满活力的回报。

而如果陷入
互相索取的循环，
关系会很快因消耗
而变得脆弱。

所以说在给予的循环中，
爱中的人们会创造他们的生活，

逐渐发展出独属于两个人的亲密语言，
产生越来越多共有的乐趣和记忆，
以及相契合的人生目标。

而正是这些使一段关系变得不可替代，
并区别于所有其他关系。

去成为谁也抓不住的风

小时候，我翻阅关于世界的书本……

以为最后一页记录着世界的真相。

直到现在，
站在学校的尽头，
我仍在寻找这个答案。

我总以为尽头有什么在等着我。

可那里似乎只有到处都黏糊糊的盛夏，

和一次又一次的离别。

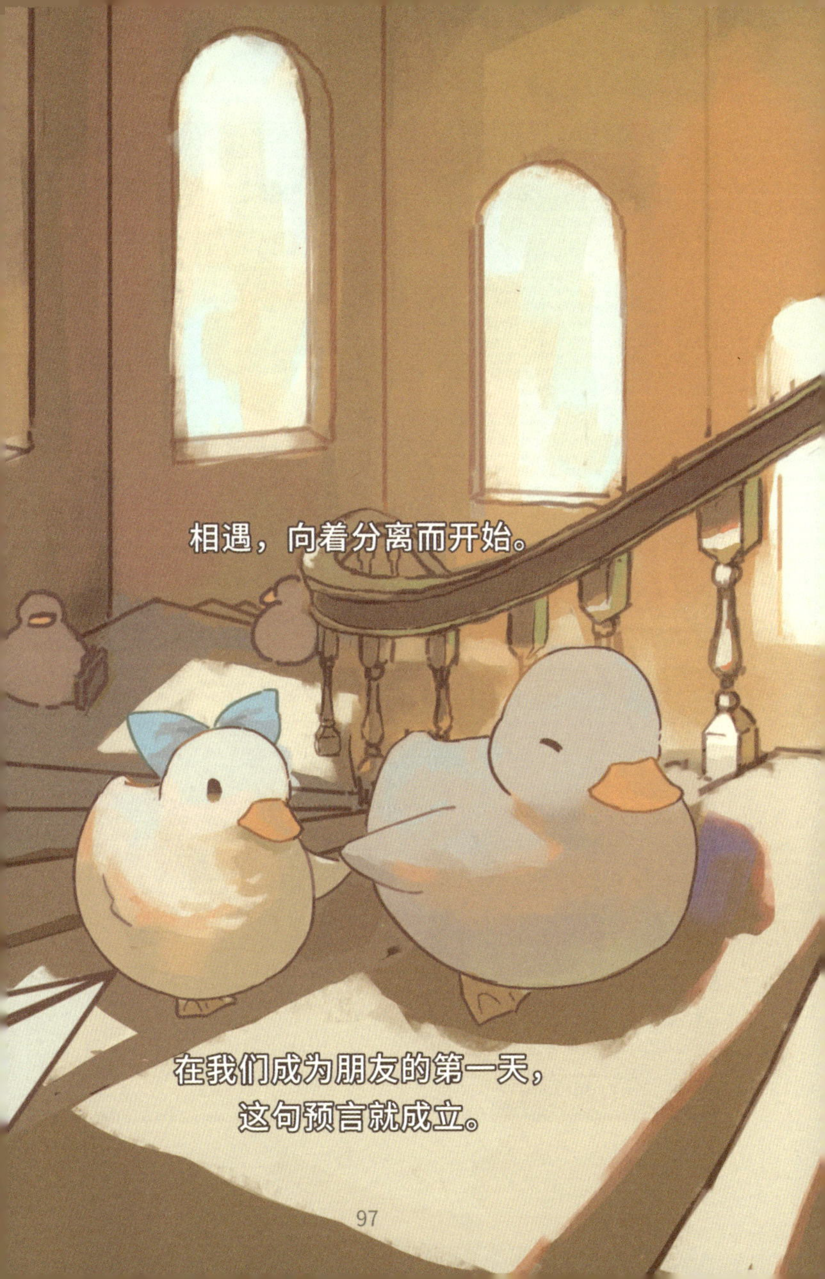
相遇，向着分离而开始。
在我们成为朋友的第一天，
这句预言就成立。

我们每个人都有自己的电影，

只是在偶然触碰的瞬间，
我们的胶片才会重合，

我们才会出现在了各自的镜头里。

那都是我无比珍惜的片段。

或许我们已经和很多人
见完了此生最后一面，

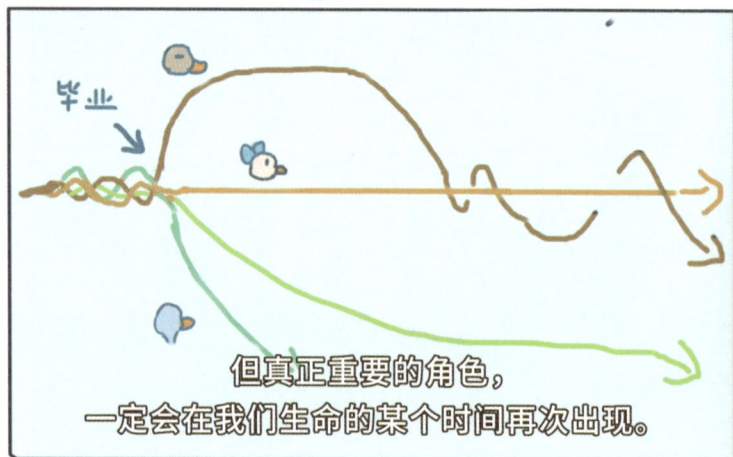

但真正重要的角色，
一定会在我们生命的某个时间再次出现。

所以不必担心，
分离是为了更精彩的再会。

而你，我的朋友，

愿你在我们无法相见的日子里
也能继续寻找属于自己的答案。

即使不被大人们认可，
也没什么大不了的；

在这个充满胜负的世界失败一下，
也没什么大不了的；

只要在任何时候都有
开启自己故事的勇气，

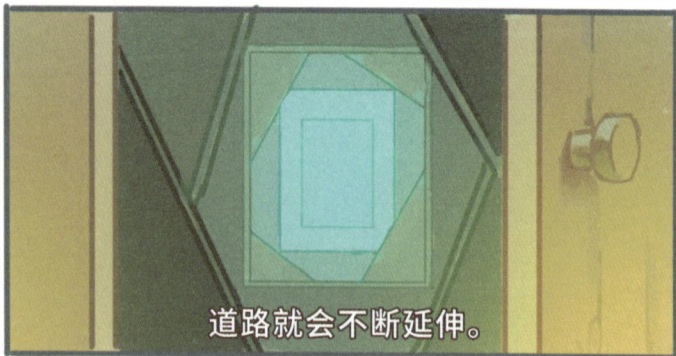

道路就会不断延伸。

直到触及
名为卡夫卡的
那片天空。

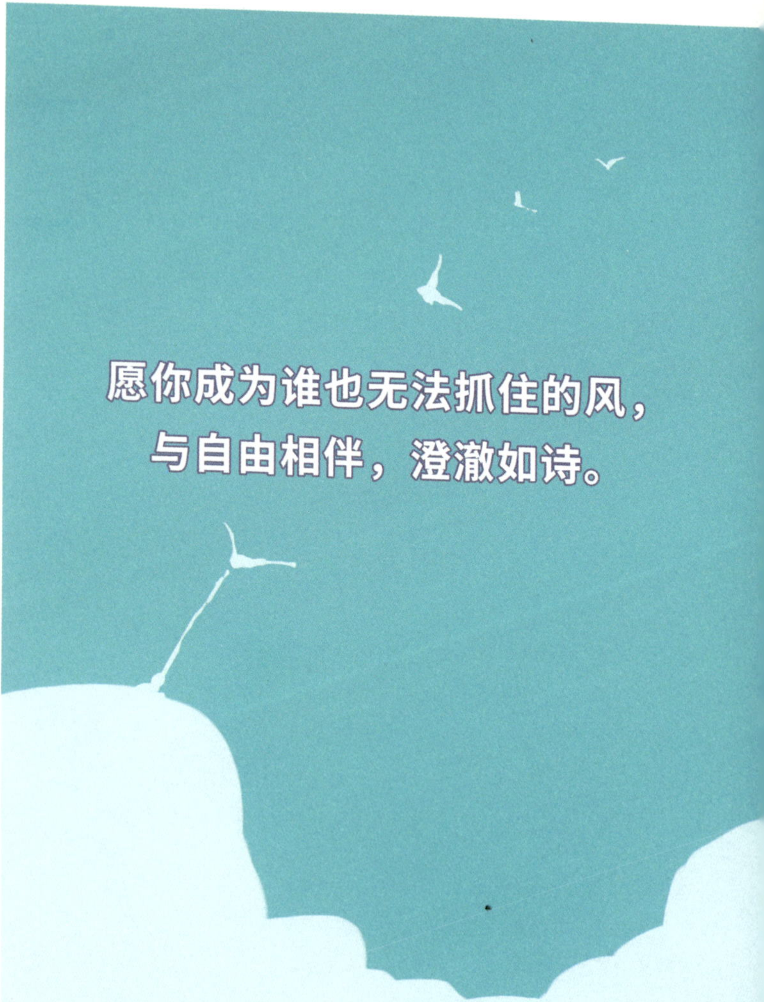
愿你成为谁也无法抓住的风，
与自由相伴，澄澈如诗。

分离是生命中不可避免的驿站，

但不必为告别而失落，

也不必为变得孤单而害怕，

因为从那里获得的记忆不曾消逝，

而你本就勇敢而自由。

第 3 章

存在，和由此而生的孤独

意识和情感，

赋予了生命洞悉万物的心灵。

而代价是……

存在，和由此而生的孤独

穿过这里应该就到了。

前几天在社交媒体上看到分享，这个城市似乎很适合旅行。

海昆站

居然是一个很大
的图书馆。

人类……

似乎总有一种执念，

想要在世界上留下一些存在过的痕迹。

他们记录、表达、呐喊、创作……

好像有很多在生命结束前必须要说出来的话。

书本就像留声机，可以把灵魂的声音保存至超越其寿命的时间。

也就是说，这里的书中居住着曾生活在各个时代的人类的灵魂吗？

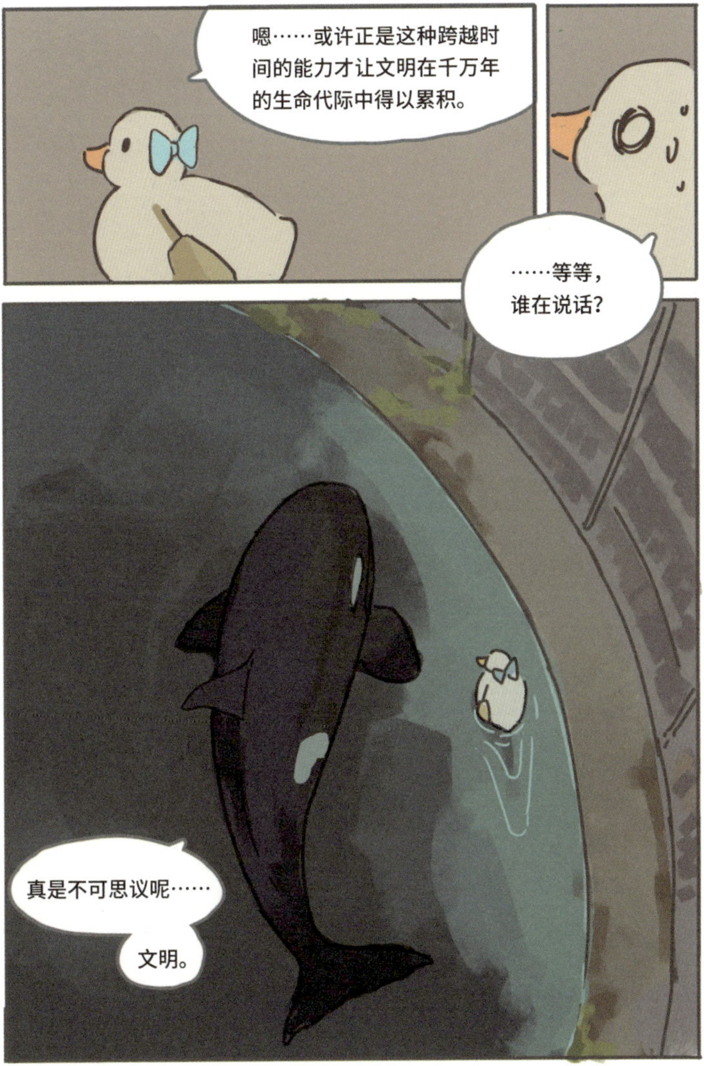
嗯……或许正是这种跨越时间的能力才让文明在千万年的生命代际中得以累积。
……等等，谁在说话？
真是不可思议呢……
文明。

可能由于地壳运动，海平面上升，人类在几年前就离开了。
居然是这样……我想去的网红打卡点不会也被淹了吧？
你看的是多少年前的帖子了。

谢谢你，那
就太好了。

说起来……

你又为什么会待在
这片废墟里呢？

对虎鲸来说，能参观人类巢穴的机会并不多……

第一次见到的时候就觉得很新奇，那是我们海洋生物完全无法想象的东西。

所以一直想看看里面的样子。

倒确实是难得的机会。

说起来，你们虎鲸也会筑巢吗？

我见过海鸟之类的生物会在悬崖上筑巢，但我们没有这种东西。

自诞生起，我们就漂浮在这片巨大的液体中。

向下是无尽的深邃，

向上是永远无法触及的绵延穹顶。

我可以游去任何地方，
但其实无论到哪里都不能真正地安心停留。

尤其每当独处时，
海洋那无垠的空旷感就会不加掩饰地显现出来。

生活在海洋里一定很孤独吧？

我在书上看过，虎鲸可能有着与人类相当的复杂情感。

但越是拥有丰富情感的生物，似乎也越容易因孤单而痛苦。

海洋永远不会是个温馨的巢穴……但好在灵魂的亲密让很多事情变得可以忍受。

有同类陪伴的地方，当自己的声音得到回应时，我想那里就是我的巢穴。

不过啊，有时即使和朋友在一起，也会感受到一种更深层的孤独。

随着年岁增长，我们的精神世界越来越复杂。但也是越来越少的人可以达到的更深的领域。

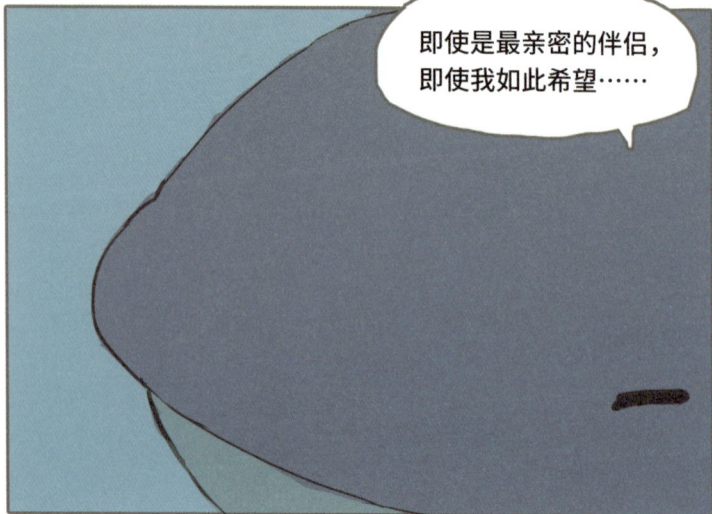

拥有情感和意识，成为独立个体，就意味着成为自己生命的毫无争议的作者。

我们总是要在无数可能性中做出一个选择，并承担其结果，最终走向自己的未来和结局。

从这个意义上讲，即使是家人和伴侣也无法代替我们前进，我们必须成为自己。

这就是成长和独立的代价吗？
小时候有家人的庇护和陪伴，似乎一切都不用担心。可现在不再有人挡在我的身前。
长大后，我必须承担生命的所有责任，带着自己的愿望独自前行。
毕竟没有人会比我自己更清楚我想去哪，想要什么。
尽管有时连我自己也不太清楚。

要是能永远在小时候就好了。

我懂这种感觉……

不过啊，这或许也是一种生长痛吧。

其他人无法到达的地方，也正是我们独一无二的证明。

所以不必为不被理解而悲伤。

孤独也意味着真正属于自己的生命正在生长，因为它恰恰就来自那里。

而当我们都处于这种孤独时，就会在这片黑暗中与其他灵魂深刻地相遇。

即使每个个体各不相同，但生命的孤独和脆弱仍然能将我们连接起来。

所以有时会感到孤独也没关系，这很正常，因为这是我们作为智慧生命必然会面临的处境。

尝试和这种孤独共处，勇敢地成为自己，去选择、去经历你的生命。

总有一天会和同样绚丽的个体深刻地共鸣。

说出来你可能不信，我在这里认识了一只虎鲸。

好酷！不过为什么要在这个普通路牌这里拍照呢？

说起来，忘记问小鸭子那个蓝色牌子上的符号是什么意思了。

第 4 章

丧失与爱之歌

我们总是在失去，

又是什么理由让你不断前行？

永久的丧失与有限的拥有

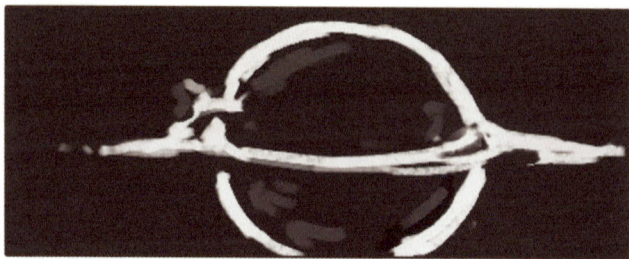

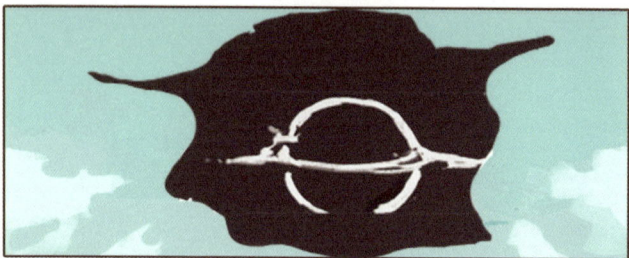

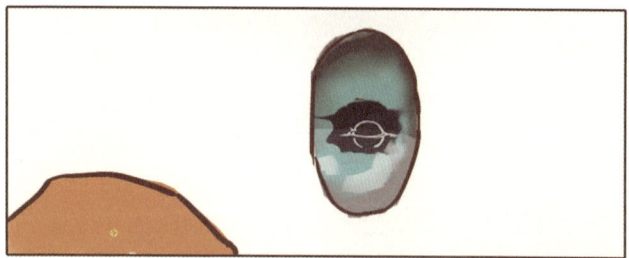

小时候，我无法理解"永久"。

亲人离世，
我以为他只是去了别的地方。

直到开始理解这个世界，
我才认识到"永久"这个词的重量。

空间在宇宙中无限拓展，
时间在过去和未来的两端无限绵延。

而那个起点和终点，
就像遥远而模糊的梦境，
是我的思考永远到达不了的地方。

时间和空间的坐标，
将我们定义在了这个渺小星球的某个生命体中。

我们羡慕和渴望
永恒的爱情、永远的青春、永续的生命……

可是说真的，
有什么东西是真正不变的呢？

美好的东西似乎总有个期限。

假期、游戏、旅行、宴会……
在终点之后又归于寂静，
就像漆黑舞台上短暂扫过的光束。

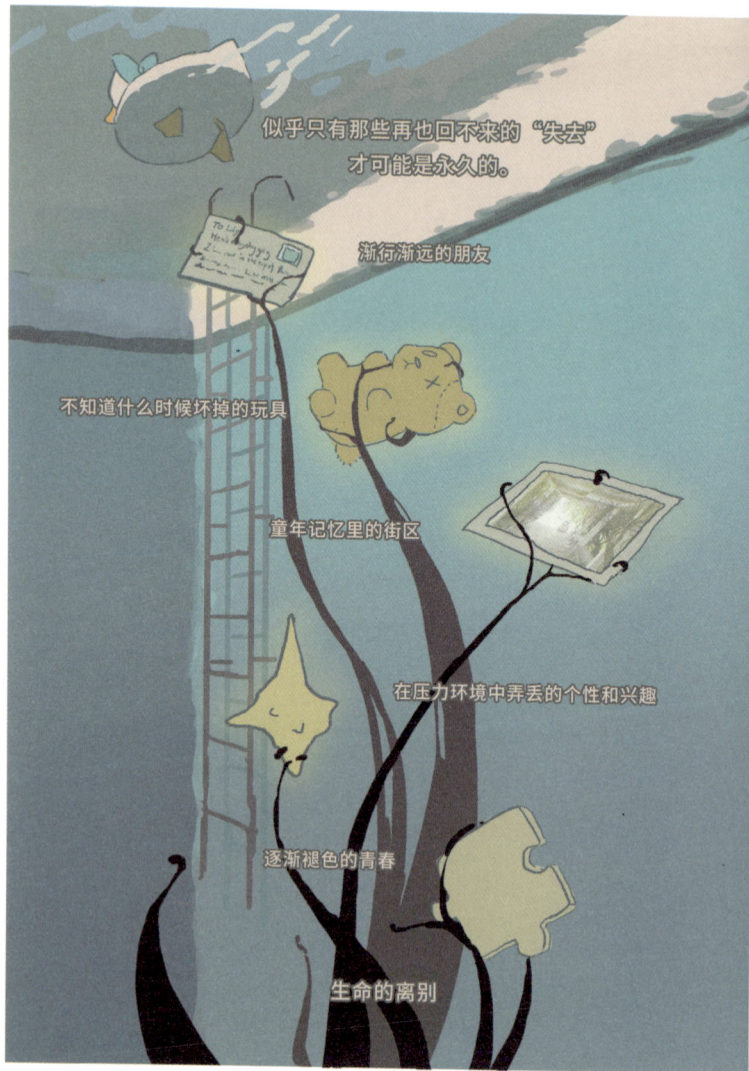

似乎只有那些再也回不来的 "失去"
才可能是永久的。

渐行渐远的朋友

不知道什么时候坏掉的玩具

童年记忆里的街区

在压力环境中弄丢的个性和兴趣

逐渐褪色的青春

生命的离别

被卷入过去的和弄丢的东西，
都成了一种不再存续的"永久"。

不再会有未来的可能性，
只在生者的记忆中印下漫长的怀念。

一边为永久的失去而悲伤，
一边为有限的拥有而担忧。

到底要怎样面对这样的生命呢……

哀悼的意义

生活总是充满失去，
可我从来也无法习惯它带来的悲伤。

那是一种足以令世界支离破碎的冲击，
就像自己的一部分也在世界上永久消失了。

无法逆转的失去，
就像一场来自过去的洪流，

夹杂着记忆碎片，和与之相伴的怀念与懊悔。

这些记忆失去了与未来相关联的可能性，
因此它们奔涌着，
想要找到一个安放之处。

即使我强迫自己去忘记也无济于事。
怎么可能忘记呢？

但带来痛苦的或许不是记忆本身，
而是未能实现的愿望。

要是她还在就好了。
早知道，早些回来陪在
她身边就好了……

可是已失去的不可逆转，
在洪流平息之后，
只有向未来创造新的联系才能弥合留下的空洞。

所以我们需要哀悼、举行仪式和纪念活动。
我们建造墓碑来安放那些永远回不来的人和事。

我们需要正式地告别。
那并不意味着结束和忘记，
也不是假装不再悲伤，
而是为了更好地记住。

允许消逝的成为过去，
允许生者走向未来。

悲伤或许永远不会消失，
但它遗留的纪念品也同样不会。

无论是她的遗愿，
还是与她相伴的温暖记忆，
还是在我人生轨迹中
曾刻下的路标……

所有那些曾经照亮前路的光芒
从未消失。

因为我仍会带着那些礼物继续前行

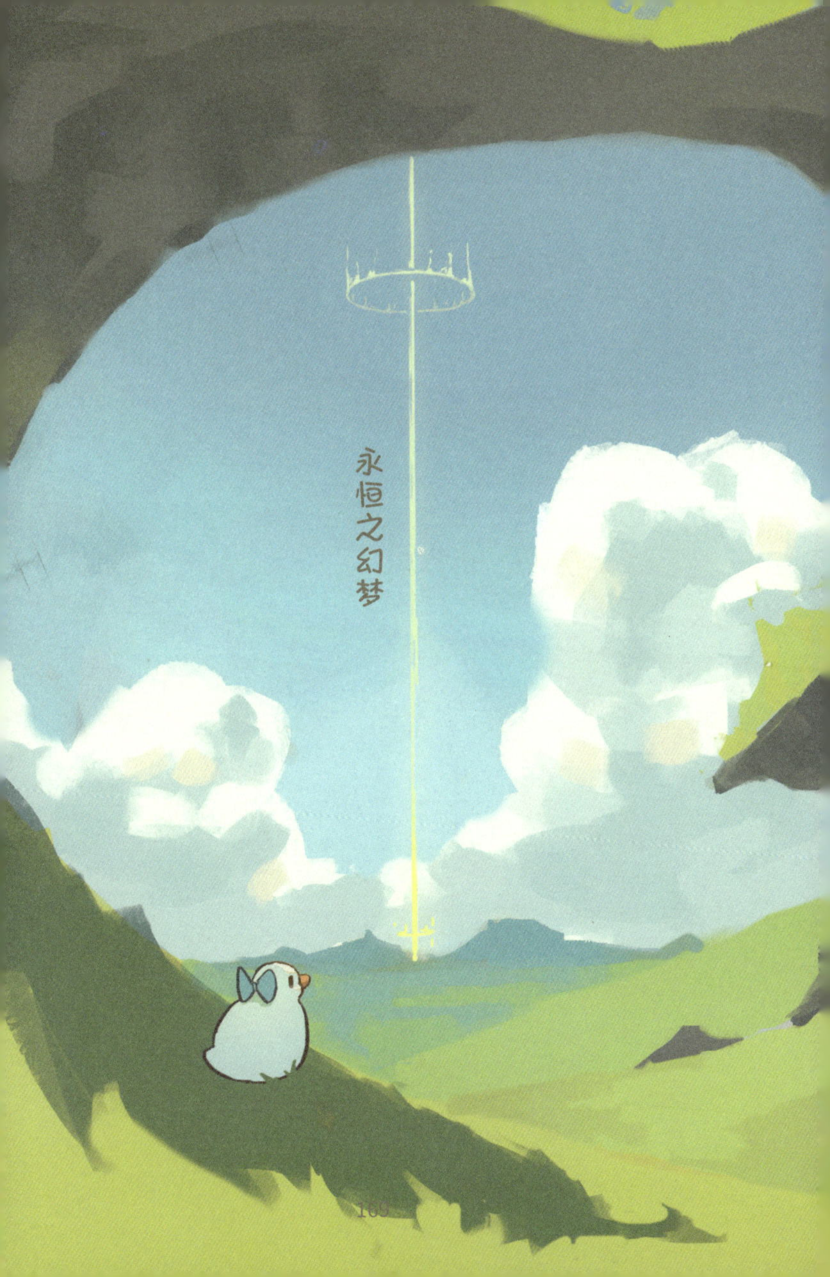

永恒之幻梦

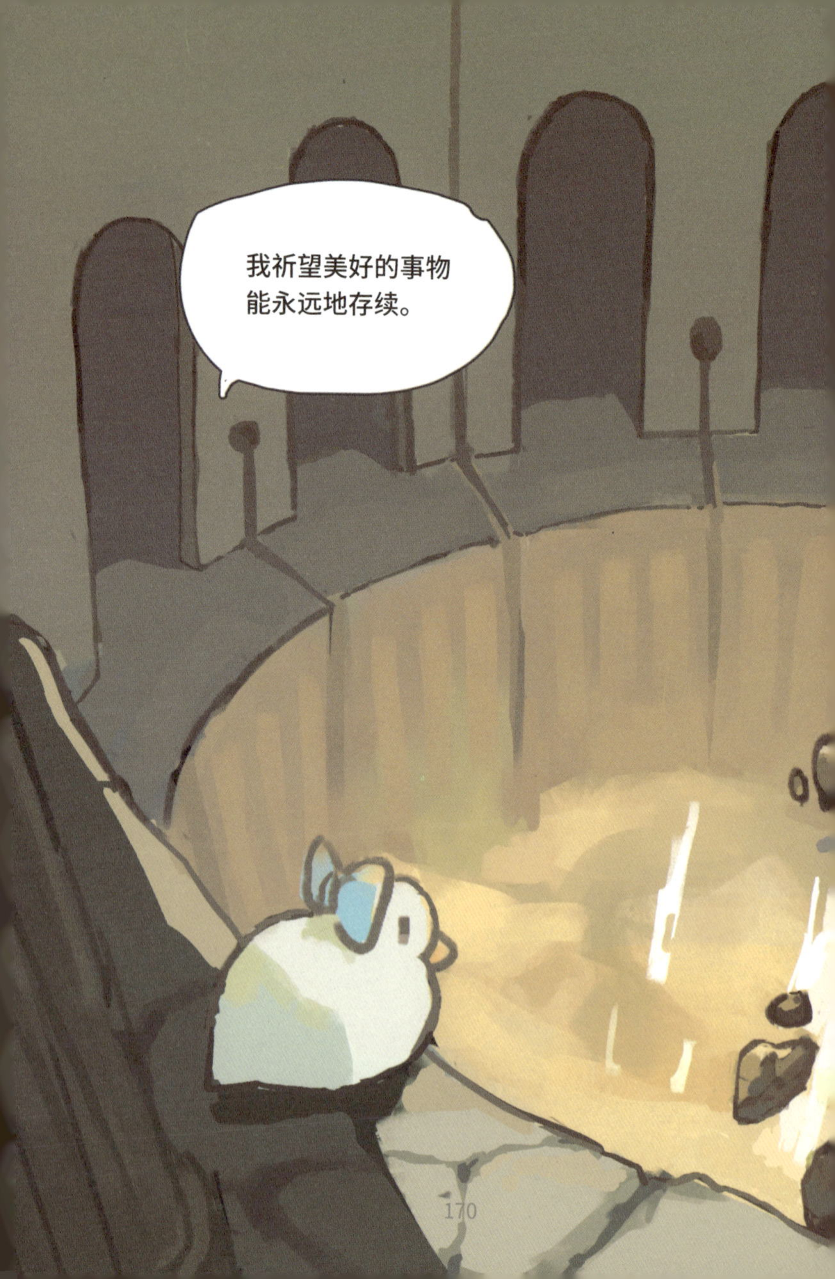
我祈望美好的事物
能永远地存续。

若非如此，即使再幸福的事也会因其有限性而蒙上一层叹息之纱。

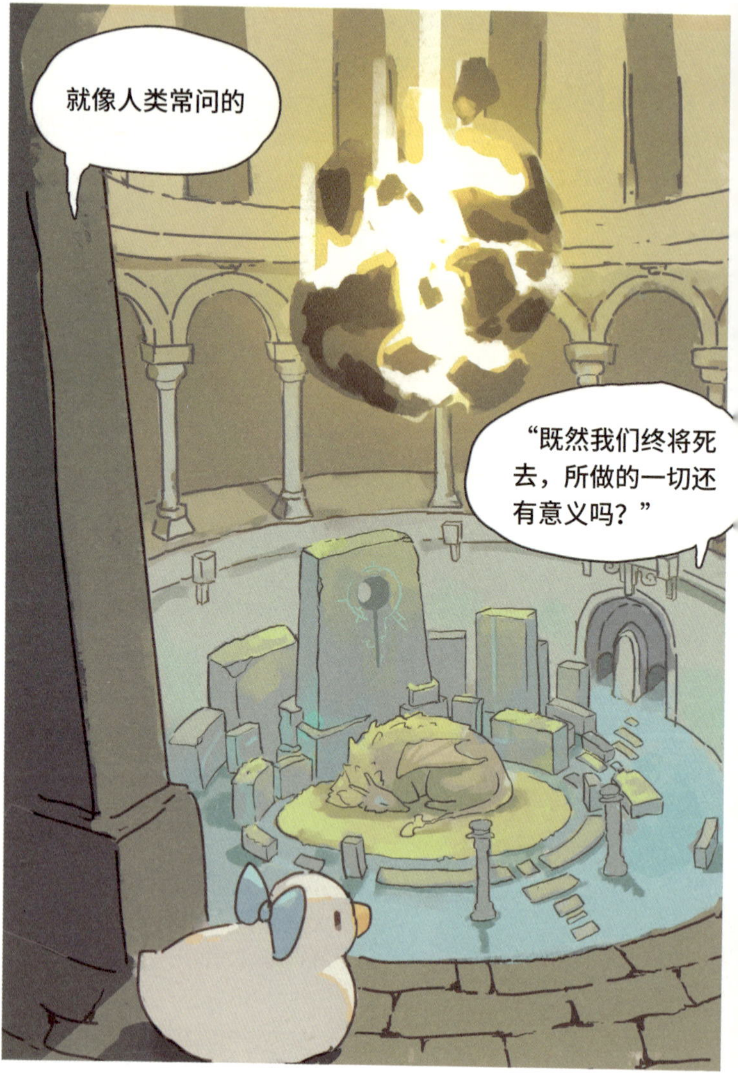
就像人类常问的
“既然我们终将死去，所做的一切还有意义吗？”

173

174

生命不会没有理由地祈愿，所有这些愿望一定来自深层的脆弱。
不想离开……
不想被忘记……
希望去世后仍能被人们谈起……
舍不得我拥有的一切……
这个躯体已经支撑不起我的梦想……

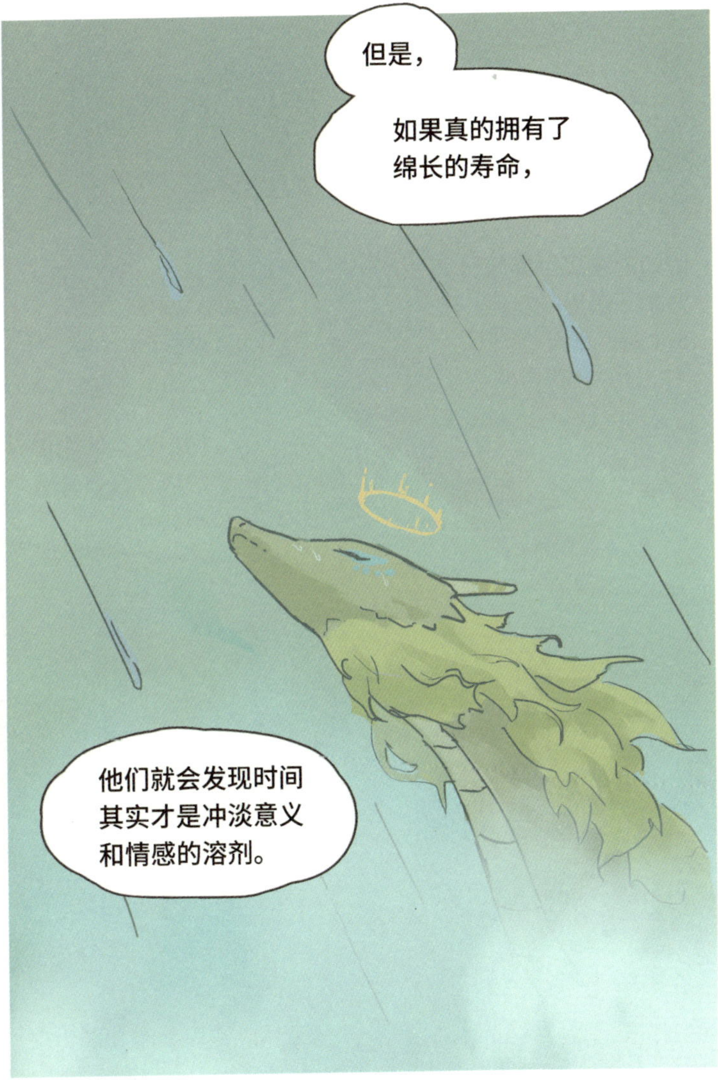
但是，
如果真的拥有了绵长的寿命，
他们就会发现时间其实才是冲淡意义和情感的溶剂。

好像还早呢，该干嘛干嘛吧。

好多想做的事情还没做，
应该早点开始规划的……

管它的世界末日，我要
过好剩下的每一天！

今天　　3天　　3周　　　　　　30年

嗯……剩下的时间越少，就
越害怕，但也更珍视世界上
的一切，想把剩下的时间用
在真正想做的事情上。

生命，不会因为只剩下有限的时间而失去意义吗？

因为会结束，才想去做、去拼命地爱这个世界，这似乎就足够了。

所以，其实生命就像
池中之水，

正因为受到有限性这一
容器的挤压，才凝聚成
不同的强度。

这让我想起了"拖延症"……只有
当真的快到截止日期时才会拿出满
格的动力。

但对于龙类来说，近乎永续的寿命模糊了时间终点的样子，
也遮蔽了我们对价值的判断。
简单的快乐和幸福，在经历无数次后也会变得模糊。

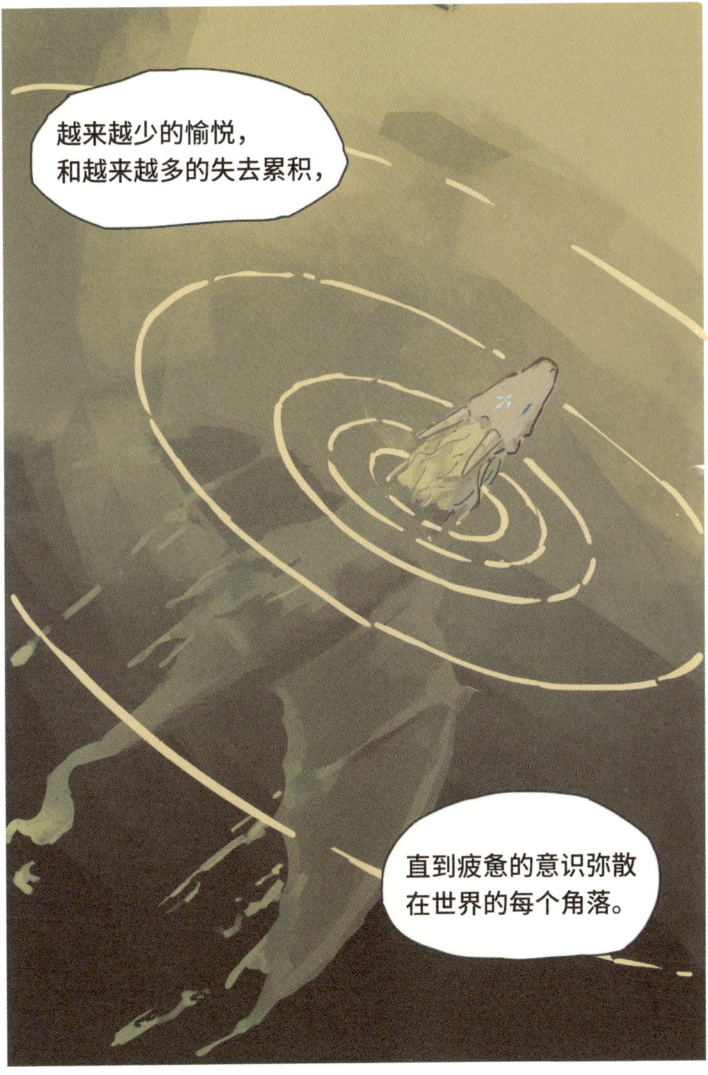
越来越少的愉悦，
和越来越多的失去累积，
直到疲惫的意识弥散
在世界的每个角落。

不眠的永夜，就是永恒的代价。

也并不是那么好
的东西对吧，
永恒。
但是啊，
即使一切都变得平淡
我却仍会一次次被那
些热烈的生命触动。
明明那么渺小，却勇敢地
嘲笑着这个世界的荒诞。

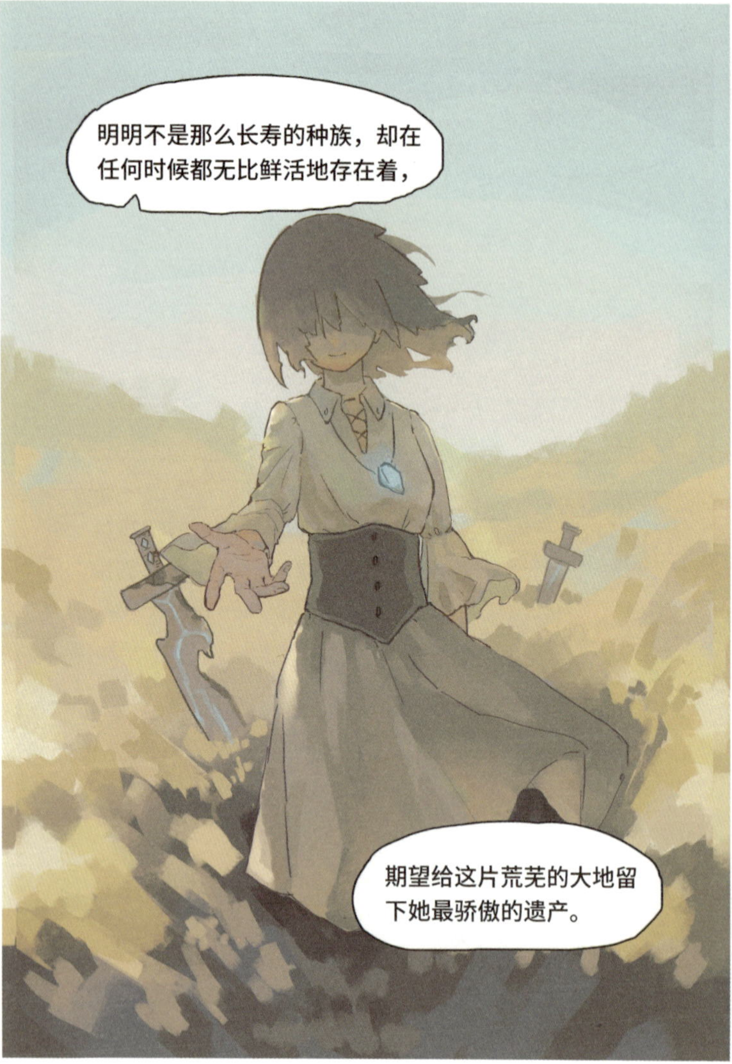
明明不是那么长寿的种族，却在任何时候都无比鲜活地存在着，
期望给这片荒芜的大地留下她最骄傲的遗产。

有限性使生命的轮廓变得更加清晰，
也让一些事情变得珍贵而伟大。

某种程度上，存在终点也是
一种祝福。

否则，再美好的东西都会因
冗长凝滞而令人生倦。

而那些所谓的"意义"
或许是迷失之人试图说服自己前进的发条。

可是啊，
生命并非只有靠发条才能动起来。

当你找到无论如何都想去完成的事情时，

你会发现那些"意义"和时限根本不重要了。

就当作在末日的舞厅上起舞吧，世界的孩子。

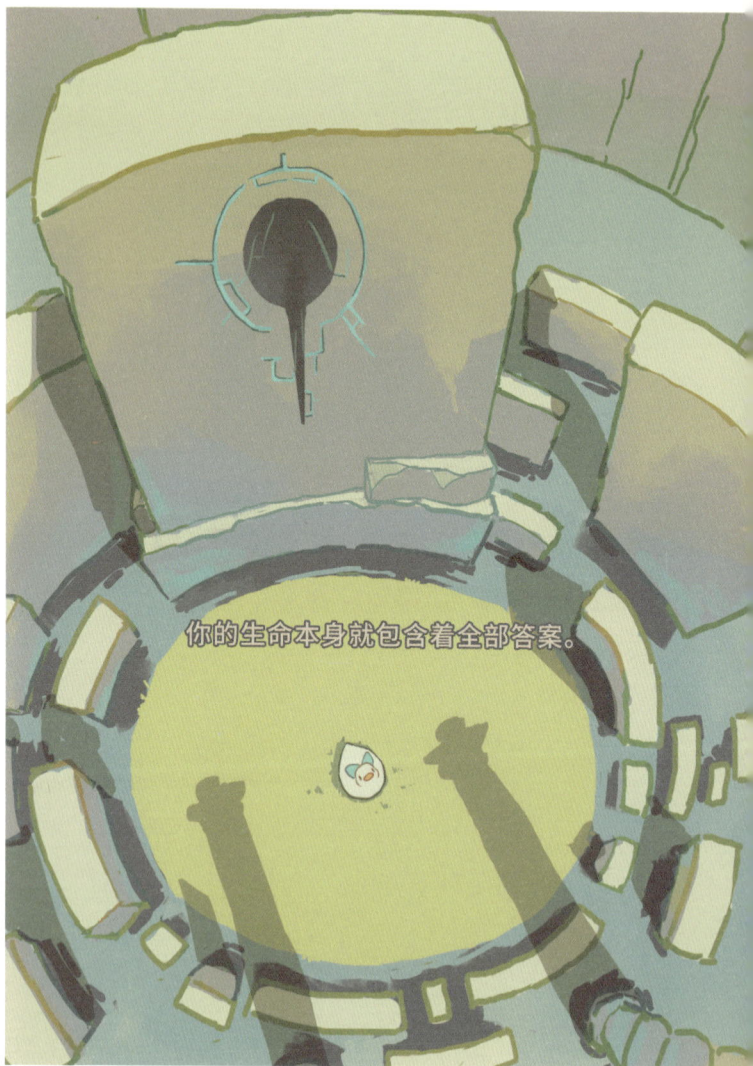

你的生命本身就包含着全部答案。

关于生命

你说，生命到底是怎么一回事呢？

四季更替，
轮回往复，
一年又一年。

每年冬天，我们离开。

到了春天，我们又归来。

然而，
总有一些生命
永远留在了冬天。

"你害怕吗？"

每天洗澡时掉落的羽毛、
不再充沛的体力、
时常光顾的病痛……

所有这些，
都在提醒我一个无法逃避的事实：

932850:15:56

死亡是生命诞生之初就签下的契约。

"当然害怕，怕得不得了。"

小时候期盼着生日、春节……

可是不知从什么时候起，

63 1056:25:58

我发现这些节日背后其实暗藏着倒计时。
在生日快乐的祝歌中却听到了自己内心的恐慌。

尽管如此，
对这一契约的察觉也让我更敏感地辨别
这个复杂世界上的美好和丑恶。

就像自然主义哲学家、美学家桑塔亚那所说：
"死亡提供的黑暗背景使细致的生命之色更为纯粹。"

四季更替和生命存在本身就是那么不可思议，

即使是无法思考生命的墙角苔藓，

即使是清楚死亡终点却仍挣扎着活下去的我们。

对我来说，都是那么的美丽。

和其他个体共同经历
的时间是那么温暖，

有如黑暗海面上亮起的光芒，
互相照亮了独自前行的孤独。

即使不知道能一起走到何处，

即使会争吵，
即使无法相爱，

却也都是短暂生命中弥足珍贵的宝藏。

对生命有限性的察觉，
使我开始厌倦墨守成规，
厌倦盲从和千篇一律，
厌倦随意品头论足，
厌倦那些不加反思的标签和偏见，
厌倦所有那些不有趣又不重要的事情……

而艺术、诗歌、浪漫、爱……
这些看似虚无缥缈的事物，
却是为数不多的曾给我带来感动的东西。

在百年后的大地上，
或许我们都将化为尘土。

我们所拥有的从来都只是
每一个当下的体验。

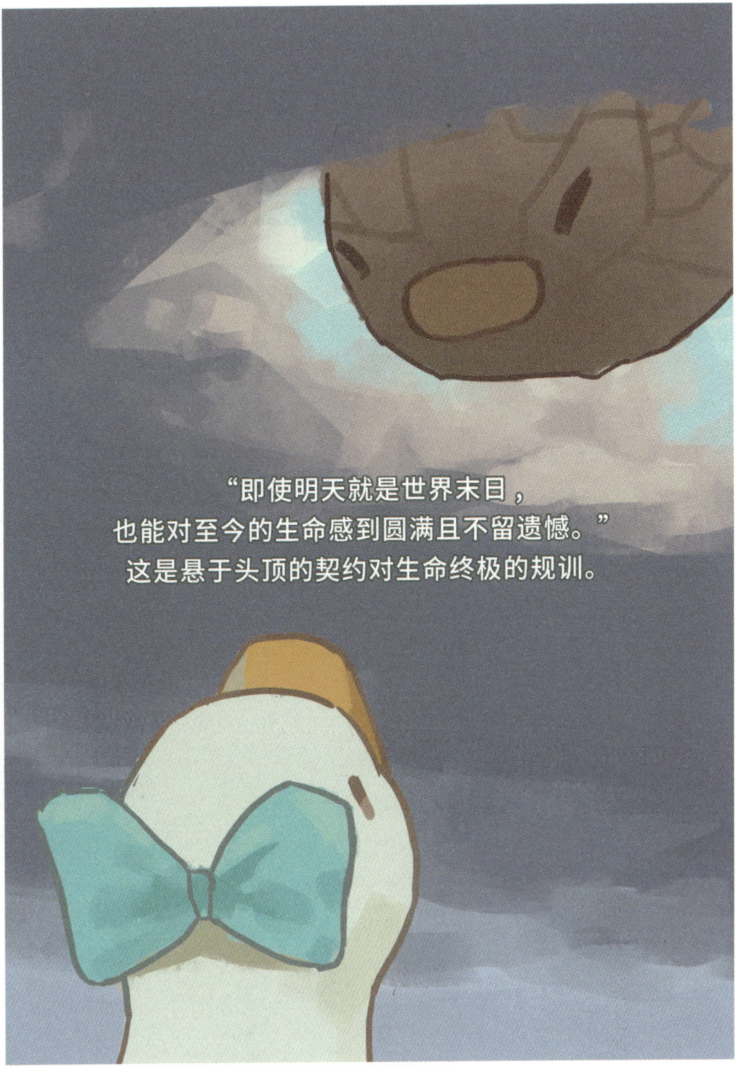
“即使明天就是世界末日，
也能对至今的生命感到圆满且不留遗憾。”
这是悬于头顶的契约对生命终极的规训。

所以，我的朋友，
请本真地去爱自己的生命，
珍惜那些给内心带来触动的人，
拥抱那些让你充满热情的事，
直到最后一刻。

泰戈尔曾说："世界以痛吻我，而我报之以歌。"

我或许不那么擅长歌唱，但也并不讨厌。

或许每个人自诞生起就是独一无二的艺术家。
丧失与爱的交织形成了生命的韵律。

既使可能很笨拙，
既使不那么受欢迎，
甚至弥漫着苦难，
但我依然想去完成我的生命，
依然想去爱这个世界。

因为那是属于我自己的生命之歌。

春天仍然会一次又一次来临。
而现在，我们也该回到各自的轨道了。

这是龙小姐给我的石头。

我想这本就属于人类的东西，就送给你吧。

愿你，我的朋友，活下去；

高傲、勇敢、美丽地活下去。

或许时间是一个只对生命而言才有意义的概念。

永恒是宇宙的常态，

而有限的生命反而是某种程度上超越永恒的存在。

我们用自己的长度来丈量世界，

哀伤与欢歌、丧失与拥有，

所有的一切都凝聚在那起点与终点之间的幕布上。

我们是那么脆弱，

正因如此才对丧失如此敏感，

才能理解灵魂的陪伴是珍贵的奇迹。

生命是那么短暂，

正因如此我们才能做出选择，

无悔地走向独属于自己的故事。

后记

人类尚且有相当庞大的群体，就像城市中的热闹和灯火有时能带来莫大的安慰。拥有生活感的事物总能抚平紧张的心境，对这一体验的感知在当"热闹"平息之后尤为明显。人类还会搭建自己的"巢穴"，在深夜依偎在熟悉的气味旁。而对于虎鲸来说，个体之间的社会关系或许是唯一的慰藉。其实我很难想象虎鲸在这片无尽的海洋中会如何感知这个世界，如何体会生命的孤独，又会如何去爱。但仅仅尝试去想象就会感到一种莫名的悲伤。然而受限于能力，能表达出来的东西太少了。回过头看时，发现其实还有好多模糊的情感仍埋在心底。

我常常会做关于"失去"的梦，在无比真实的悲伤中哭着醒来的那一刻，会感受到所拥有的东西是那么珍贵。有时我会觉得整个生命或许就像是悬在一根绳子上，拥有的东西就像穿入绳子的珠子，在失去时，它们似乎变得沉重而下坠。但无论如何，它们都会组成生命的重量和力量。觉察内心黑暗中涌动的痛苦，同时带着这份

力量在有限的时间里勇敢去追寻真正重视的东西。这也是我想表达的内容。

　　无论如何，我仍将生命视为绚丽的馈赠，两只小鸭子的旅行也会继续下去。